SUR GRIN VOS CONNAISSANCES SE FONT PAYER

- Nous publions vos devoirs
  et votre thèse de bachelor et master

- Votre propre eBook et livre –
  dans tous les magasins principaux du monde

- Gagnez sur chaque vente

Téléchargez maintentant sur www.GRIN.com
et publiez gratuitement

Impact de l'adoption des technologies agricoles améliorées sur la pauvreté et le bien-être des ménages ruraux au Mali

Amadou Y. Coulibaly

Bibliographic information published by the German National Library:

The German National Library lists this publication in the National Bibliography; detailed bibliographic data are available on the Internet at http://dnb.dnb.de.

ISBN: 9783346817563
This book is also available as an ebook.

Proposition d'article :

Impact de l'adoption des technologies agricoles améliorées sur la pauvreté et le bien-être des ménages ruraux au Mali

Amadou YOUSSOUFCOULIBALY

Institut de pédagogie universitaire (IPU), Bamako, Mali.

Résumé

Cette étude porte sur l'impact de l'adoption des technologies agricoles sur la pauvreté des ménages ruraux au Mali. La collecte des données s'est appuyée d'un ensemble de données qui couvre 2240 ménages dont, 1 120 ménages bénéficiaires de la technologie et 1 120 non bénéficiaires. Une analyse économétrique sur la régression logistique a été utilisée pour déterminer les déterminants et les effets marginaux de l'adoption des technologies agricoles améliorées. Ces résultats montrent que l'adoption est motivée par l'accès au crédit, accès aux vulgarisateurs, membre de l'organisation, migration, superficie totale exploitée, superficie possédé par le ménage. En particulier, les effets marginaux croient probablement avec l'accès au crédit (8%), l'accès au vulgarisateur (18%), être membre de l'organisation (11%), la superficie totale possédé par le ménage (11%) et diminue avec la superficie totale exploitée (-5%) et la migration (-4%). Le modèle de régression à commutation endogène prédit les effets de l'adoption sur les indicateurs de pauvreté des ménages. Ces résultats concernent l'adoption à augmenter les revenus des ménages 543 449 F de plus que ceux des non adoptants. Par ailleurs cet effet de la technologie agricole paraît plus avantageux chez les non adoptants s'ils décident d'adopter la technologie que les adoptants réels (1 113 328 F de plus que les adoptants). Par compte, les ménages qui adoptent des technologies agricoles améliorées dépensent respectivement plus de 294 669 F et 42 147 F de consommation alimentaire et non alimentaires par habitant que ceux qui n'adoptent. Cela suggère que l'accès à des technologies peut améliorer le bien-être des ménages ruraux. En effet, l'adoption de la technologie a diminué le taux de pauvreté des adoptants à 4% contre 22 % des non adoptants. Les interventions doivent s'étendre à travers divers points déterminants de l'adoption des technologies améliorées pour faciliter des plates-formes d'innovation multi-acteurs.

Mots-clés : Adoption, pauvreté, technologie améliorée, ménages ruraux, revenu agricole

Abstract

This study focuses on the impact of the adoption of agricultural technologies on the poverty of rural households in Mali. Data collection was based on a data set that covers 2,240 households, including 1,120 technology beneficiary households and 1,120 non-beneficiaries. An econometric logistic regression analysis was used to determine the determinants and marginal effects of the adoption of improved agricultural technologies. These results show that adoption is motivated by access to credit, access to extension workers, members of the organization, migration, total area exploited, area owned by the household. In particular, marginal effects are likely to increase with access to credit (8%), access to extension worker (18%), being a member of the organization (11%), total area owned by the household (11%) and decreases with the total area exploited (-5%) and migration (-4%). The endogenously switched regression model predicts the effects of adoption on household poverty indicators. These results relate to adoption increasing household income by 543,449 F more than those of non-adopters. Moreover, this effect of the agricultural technology seems more advantageous among non-adopters if they decide to adopt the technology than the real adopters (1,113,328 F more than the adopters). By count, households that adopt improved agricultural technologies spend respectively more than 294,669 F and 42,147 F on food and non-food consumption per capita than those who do not adopt. This suggests that access to technologies can improve the welfare of rural households. Indeed, the adoption of the technology reduced the poverty rate of adopters to 4% against 22% of non-adopters. Interventions should span across various determinants of improved technology adoption to facilitate multi-stakeholder innovation platforms.

Keywords *: Adoption, poverty, improved technology, rural households, farm income*

Table des matières

INTRODUCTION

L'Afrique reste la région plus affectée par la pauvreté et l'insécurité alimentaire, avec près d'un quart des personnes (plus de 230 millions) sont sous-alimentées et 41% vivent au-dessous du seuil international de pauvreté (FAO et al. 2019). Etant donné que l'agriculture a un effet plus considérable sur la réduction de la pauvreté et la faim (De Janvry et Sadoulet, 2010 ; Ravallion Datt, 1996), au Mali la population dépendante dépasse 80% (INSTAT, 2016), tandis que 60 % en Amérique latine avec de meilleur revenu (Banque mondiale, 2006). Elle est principalement pluviale en Afrique subsaharienne (Wani, S. P. et al, 2009) très sensible aux effets du changement climatique (Kelly, 2005), aggravant les situations déjà terribles de pauvreté et d'insécurité alimentaire dans la majorité des ménages ruraux dont les moyens de subsistance et la survie dépendent uniquement de l'agriculture (Banque mondiale, 2016). La condition actuelle des régions sahéliennes d'Afrique aux effets alternatifs du climat sur l'agriculture est très problématique.

Le secteur agricole continue de jouer un rôle dominant pour vaincre la pauvreté et renforcer la sécurité alimentaire dans la plupart des pays en développement du monde. Son rôle en tant que source d'emploi ne saurait être surestimé. Cependant, le bien-être du secteur agricole ne pourrait être atteint que grâce à une faible productivité des exploitants agricoles avec une agriculture de subsistance, comme le souligne par la Banque mondiale 2008. Ainsi, l'augmentation de la productivité agricole a été une question indispensable pour les institutions de recherche et de développement à travers le monde (Maertens et Barrett, 2013), et pour y parvenir, l'utilisation des progrès technologiques joue un rôle clé aussi contre la pauvreté et la réduction des coûts de production (Kassie et al. 2011, Maertens et Barrett, 2013). L'adoption des améliorations technologiques a le potentiel d'approfondir la part de marché des produits agricoles grâce à laquelle les exploitants agricoles diversifient la production. En effet, l'usage des variétés de semences améliorées pourrait inspirer le passage de l'agriculture de subsistance actuellement à faible productivité à l'agriculture commerciale qui est capable de produire des excédents.

Pays continental et tropical, le Mali est situé dans la zone sahélo-saharienne au cœur de l'Afrique de l'Ouest et classé parmi les pays les moins avancés au rang de 168ème sur 179 (PNUD, 2006). Avec une population estimée à 13,5 millions d'habitants (Banque mondiale, 2009), son économie repose essentiellement sur l'agriculture et l'élevage. Le secteur agro-pastoral participe à la formation du produit intérieur brut (PIB) à hauteur de 37 %, contribue à plus de 50 % des recettes d'exportation et assure les revenus à environ 80 % de la population.

Dont, 40% de la population vit en dessous du seuil de la pauvreté, avec un PIB par habitant de 1,185 dollar US en 2009 (NAPA, 2007).

L'agriculture malienne est principalement familiale, les activités agricoles sont menées à petite échelle dont 68% des exploitants cultivent moins de 5 ha (ENSAN, 2018). Cette agriculture fait recours à la main d'œuvre familiale plutôt qu'à la main d'œuvre salariée (Thiam., 2001). Elle est caractérisée, entre autres, par la dépendance de la pluie dont la base alimentaire est caractérisée par les cultures (coton, des cultures vivrières, la foresterie, l'élevage et la pêche) principalement fragiles aux aléas climatiques. Toutefois, le changement climatique reste une des causes principales de la pauvreté en zone rurale, car elle affecte les secteurs porteurs de l'économie dont l'agriculture en fait partie, l'énergie, la santé et des infrastructures (NAPA, 2007). Le Mali tout comme les autres pays sahéliens restent confrontés à plusieurs contraintes dues à la variabilité climatique (Zakari S. 2017). Ces contraintes sont liées à la sécheresse, à la faible fertilité des sols, à l'érosion, au faible rendement des cultures ainsi qu'à une pression quasi permanente des ravageurs de la culture et des déprédateurs dont certains sont devenus endémiques. En outre, le Mali a subi des chocs qui ont affecté gravement les moyens de subsistance dans les zones rurales (NAPA, 2007), qui se manifeste par la récurrence de la sécheresse par l'invasion des criquets pèlerins, et la faible pluviométrie causant la réduction des rendements agricoles et des ressources en eau. Les effets du changement climatique sont déjà observables sur l'agriculture, donc l'adoption des pratiques agricoles intelligentes paraît indispensable pour répondre à un état de crise qui se manifeste par la menace des moyens de subsistance. Ainsi les effets conduisent à une baisse des rendements agricoles, de faible fertilité du sol, et des régimes climatiques aléatoires (début et fin précoce de la saison des pluies).

Le Mali en tant que pays sahélien, le développement économique et durable à partir de l'agriculture dépendant des conditions climatiques et principalement la pluviométrie. L'agriculture dans la plupart des continents africains nécessite une transformation durable et importante des ressources naturelles dans les prochaines décennies pour améliorer la sécurité alimentaire et réduire le taux de pauvreté (FAO, 2014). Car la population mondiale ne cesse de croître, et elle a dépassé 7,6 milliards de personnes en 2018 selon la FAO. Elle devrait atteindre 9,2 milliards d'ici 2050 (Evenson, et al. 2003), avec une augmentation prévue de la demande alimentaire de 59% à 102% (Elferink et Schierhorn, 2016 ; Fukase et Martin 2017).

Les efforts pour augmenter la productivité agricole de 60% à 70% semblent être hautement nécessaires pour fournir de la nourriture à la population d'ici 2050 (Silva, 2018). L'augmentation de la productivité agricole est l'une des voies les plus critiques et efficaces pour la recherche de la technologie agricole pour augmenter les revenus dans les milieux ruraux et réduire la pauvreté (Gollin, Hansen et Wingender, 2018). En tant qu'enclavé, le Mali est plus affecté aux évènements extrêmes du changement climatique (NAPA, 2007). En particulier la réduction de la production agricole, qui peut encore augmenter la prévalence de la pauvreté, de la faim et de l'insécurité alimentaire et nuire davantage au bien-être des petits exploitants et de la population en général.

A cet effet, il y a un grand besoin de se concentrer sur les technologies agricoles capables d'atténuer les effets néfastes du changement climatique, en particulier sur les ménages ruraux de petits exploitants. Par compte l'augmentation de la productivité agricole par l'adoption et la diffusion de technologies agricoles modernes est reconnue comme l'une des voies clés de la transformation économique et agricole dans les pays en voie de développement (Evenson et Gollin 2003 ; Gollin 2010).

Selon FAO (2013), le concept de technologie intelligente face au climat englobe toutes les technologies agricoles modernes face aux défis du changement climatique. Il vise à traiter les trois objectifs principaux : « *l'augmentation durable de la productivité et des revenus agricoles (sécurité alimentaire) ; l'adaptation et le renforcement de la résilience face aux impacts des changements climatiques (adaptation) ; et la réduction et/ou la suppression des émissions de gaz à effet de serre (l'atténuation), le cas échéant* » (Williams T. al, 2015). Cette étude intitulée se limite à l'impact de l'adoption de technologies agricoles améliorées sur la pauvreté et le bien-être des ménages ruraux. Elle est inscrite dans le cadre du projet CSAT au Mali. *Cette* évaluation sera effectuée au niveau des quatre (04) régions vulnérables qui dépend principalement de l'agriculture pluviale et touchée par la pauvreté. L'agriculture intelligente face au climat (CSAT) est une approche du développement agricole qui vise à relever les défis interdépendants de la sécurité alimentaire et du changement climatique

MATERIELS ET METHODES

- Zone d'étude

La présente étude a été conduite en 2019 dans les régions de Kayes, Koulikoro, Sikasso et Ségou localisées dans la partie Nord-ouest du Mali. Ces régions se situent dans les zones soudaniennes et soudano-guinéenne avec une pluviométrie moyenne variant de 600 à 1000 mm/an. Les systèmes agro-pastoraux de la zone concernent principalement des cultures pluviales, des cultures irriguées, la pêche et d'autres systèmes. Elle couvre une superficie moyenne variant de 75 000 à 215 000 km2. Ces régions ont été concernées par l'intervention du projet CSAT/Mali avec le déploiement des technologies agricoles améliorées.

- **Questionnaire**

Les données ont été recueillies au moyen des entretiens individuels et focus groupe à l'aide des questionnaires structurés auprès d'un échantillon représentatif des ménages qui produit des céréales sèches. La fiche d'enquête individuelle comprenait plusieurs modules. L'analyse des données a porté sur des variables pertinentes qui répondent à cette étude.

- **Echantillonnage**

Un échantillonnage raisonné de 2 240 ménages agricoles dans quatre (04) régions (Kayes, Koulikoro, Sikasso, Ségou), huit (08) communes sélectionnées dans chaque région, dont dix (10) villages dans chaque commune dont 5 villages interventions et 5 villages non d'interventions. L'enquête à touche sept (07) ménages dans chaque village. Les villages d'intervention sont des sites expérimentaux du projet CSAT-IITA Mali par les ONGs locales, et les non intervention sont des villages proches des sites expérimentaux. Les producteurs formés par AMEDD ont été sélectionnés à partir des listes fournies par les techniciens agricoles à chaque village d'intervention et l'échantillon a été complété par les producteurs n'ayant pas été impliqués dans le projet dans les sites non d'intervention.

- **Analyse des données**

Dans la littérature, il existe plusieurs modèles d'analyse pour l'estimation de l'impact de l'adoption de la technologie agricole améliorée et le taux de pauvreté des ménages ruraux. L'adoption de technologie par les agriculteurs est déterminée à travers son degré de connaissance et d'utilisation de la technologie. Dans cette étude, nous avons considéré l'adoption de la technologie améliorée comme si l'agriculteur à des connaissances sur la technologie et à applique une ou plusieurs fois telles que la variété améliorées de semences (maïs, mil, sorgho, maraîchage, niébé, soja, arachide,) ou de pesticides améliorées, fertilisant ainsi que des pratiques améliorée des cultures, sont considères comme l'adoption. La variable dépendante est binaire, il prend 1 si l'agriculteur applique la technologie, sinon 0. Un modèle logit est utilisé pour prédire le score de la probabilité d'adopter la technologie améliorée et les effets marginaux. Le modèle de régression à commutation endogène a prédit les effets réels et contrefactuels de l'adoption sur les indicateurs de pauvreté des ménages.

- **Modèles économétrique**

Le modèle FGT de la pauvreté *(Indice Foster-Greer-Thorbecke)*

Le modèle indice Foster-Greer-Thorbecke (1984) dit indice (FGT) est employé pour évaluer la sévérité, la profondeur et l'incidence de la pauvreté. Sa formule générique est donnée par l'expression suivante :

$$P_\omega(y,x) = \frac{1}{N}\sum_{i=1}^{q}(\frac{x-y_i}{x})^\omega \quad avec \ \ 0 \leq \omega \qquad (1)$$

Où x est le seuil de pauvreté global, yi = Désigne la dépense moyenne du ménage i, N = Est la taille totale de l'échantillon, q = Le nombre de pauvres de la population totale, ω = est le coefficient de pauvreté, il mesure le degré de sensibilité de la pauvreté entre les revenus des individus ou des ménages les plus pauvres par rapport au seuil de pauvreté global, $(x-yi)$ mesure l'écart moyen de pauvreté du ménage$i$.

L'estimation des effets marginaux de l'adoption de la technologie agricole

Les effets marginaux s'intéressent à la probabilité d'adopter la technologie agricole améliorée par les agriculteurs. L'estimation de ce modèle consistait à prédire l'effet des variables indépendantes à partir de l'une des fonctions de régression probit, logit ou toubit, et les effets marginaux s'ensuit. En outre la fonction probit se modélise qui comme suit :

$$P_{n\varphi} = Pr\,(z=1) \ = \frac{e^{x\alpha}}{1+\sum_{(\varphi=1)}^{\varphi} e^{xi\alpha}} \quad avec\ \varphi = 1 \qquad (2)$$

Soit, α est le vecteur des paramètres, n variable dichotomique des adoptants, φ variable de pauvreté des ménages, z est l'ensemble des variables explicatives de l'adoption de la technologie agricole spécifie parxi.Les effets marginaux de l'adoption de la technologie agricole améliorée sont donnés comme suit :

$$\omega_{ij} = \frac{\beta\,Pr\,Pr\,(z_n=\varphi)}{\beta x_n} = \frac{\beta F_\varphi(x_n,\theta)}{\beta x_n} \qquad (3)$$

Soit, ω désigne les effets marginaux, β est le coefficient des paramètres à estimer, $F_\varphi(x_n,\theta)$est la fonction de l'adoption de la technologie améliorée, $Pr\,Pr\,(z_n=\varphi)$: La probabilité que les producteurs adoptés la technologie.

Le modèle de régression à commutation endogène

Les résultats de fonction conditionnant sur l'adoption de la technologie agricole s'écrire selon le modèle de régression à commutation endogène par l'estimation de deux équations distinctes :

$$\begin{cases} y_{1i} = x_{1i}\beta_1 + \eta_{1i} \ si \ I = 1 \\ y_{2i} = x_{2i}\beta_2 + \eta_{2i} \ si \ I = 0 \end{cases} \quad (4)$$

Où y_1 et y_2 sont les variables résultats, x le vecteur de la covariance, et β est le vecteur de paramètre à estimer. η_{1i} et η_{2i} sont des variables aléatoires qui résument les effets des composantes spécifiques non observables, I est un indicateur binaire$\{0, 1\}$.

L'estimation de β_1 et β_2 en utilisant la moindre carré ordinaire (MCO) peuvent conduire à des estimations biaisées, car les valeurs attendues des termes d'erreur des équations (1) et (2) sont supposés avoir une distribution normale trivariée avec une matrice de covariance moyenne spécifiées comme :

$$cov(\varepsilon_i, \eta_{1i}, \eta_{2i}) = \begin{bmatrix} \sigma_\varepsilon^2 & \sigma_{\varepsilon 1} & \sigma_{\varepsilon 2} \\ \sigma_{1\varepsilon} & \sigma_1^2 & . \\ \sigma_{2\varepsilon}. & & \sigma_2^2 \end{bmatrix} \quad (5)$$

$\sigma_\varepsilon^2 = Var(\varepsilon_i)$; $\sigma_1^2 = Var\ (\eta_{1i})$; σ_2^2=Var (η_{2i}) ; $\sigma_{1\varepsilon} = Var\ (\varepsilon_i, \eta_{1i})$; $\sigma_{2\varepsilon} = (\varepsilon_i, \eta_{2i})$; σ_ε^2=1

Les coefficients de β du modèle de sélection sont estimables jusqu'à un facteur d'échelle. La covariance η_{1i} et η_{2i} n'est pas définie puisque y_1 et y_2 ne sont pas observables simultanément (Maddalla, 1983). Les valeurs attendues η_{1i} et η_{2i}, conditionnelle sur la sélection des échantillons sont non nulles, car le terme d'erreur la sélection y_{1i} est corrélée avec les termes d'erreur des fonctions (η_{1i} et η_{2i}) :

$$E(\eta_{i1}|I_i = 1) = \sigma_{1\varepsilon} \frac{\phi(Z_i\alpha)}{\varphi(Z_i\alpha)} \quad \text{Avec} \quad \lambda_{i1} = \frac{\phi(Z_i\alpha)}{\varphi(Z_i\alpha)} = \sigma_{1\varepsilon}\lambda_{i1} \quad (6)$$

$$E(\eta_{i2}|I_i = 0) = \sigma_{1\varepsilon} \frac{\phi(Z_i\alpha)}{1-\varphi(Z_i\alpha)} \quad \text{Avec} \ \lambda_{i2} = \frac{\phi(Z_i\alpha)}{1-\varphi(Z_i\alpha)} = \sigma_{1\varepsilon}\lambda_{i2} \quad (7)$$

Soit ϕ est la fonction de densité de probabilité normale standard et φ la fonction de densité cumulative normale standard. λ_{i1} et λ_{i2} sont l'inverse du ratio calculé à partir de l'équation de sélection et inclus dans y_{1i} et y_{2i} pour corriger les biais de sélection dans la procédure d'estimation en deux étapes. Les erreurs standard dans y_{1i} et y_{2i} sont bootstrapper pour tenir compte de l'hétérocedaticité résultat des régresser générés (λ). Les effets du traitement dans les scénarios réels et contrefactuels (Carter et Milon. 2005, Di Falco et al. 2009) sont définis ci-dessous :

    – Adoptants avec adoption des technologies et/ou pratiques améliorées (réels) :

$$E(y_{i1}|I_i = 1; x) = x_{i1}\beta_1 + \sigma_{1\varepsilon}\lambda_{i1} \quad (8)$$

    – Non-adoptants avec adoption des technologies et/ou pratiques améliorées (réels) :

$$E(y_{i2}|I_i = 0; x) = x_{i2}\beta_2 + \sigma_{2\varepsilon}\lambda_{i2} \qquad (9)$$

- Non adoptants décide d'adopter des technologies et/ou pratiques améliorées (contre factuels) :

$$E(y_{i1}|I_i = 0; x) = x_{i2}\beta_1 + \sigma_{1\varepsilon}\lambda_{i2} \qquad (10)$$

- Adoptants décide d'adopter des technologies et/ou pratiques améliorées (contre factuels) :

$$E(y_{i2}|I_i = 1; x) = x_{i1}\beta_2 + \sigma_{2\varepsilon}\lambda_{i1} \qquad (11)$$

Les estimations $E(y_{i1}|I_i = 1; x)$ et $E(y_{i2}|I_i = 0; x)$ représentent les attentes réelles observées de l'échantillon, $E(y_{i1}|I_i = 0; x)$ et $E(y_{i2}|I_i = 1; x)$ sont les résultats attendus contrefactuels. L'effet du traitement sur les traités est obtenu par la différence entre $E(y_{i1}|I_i = 1; x)$ et $E(y_{i2}|I_i = 1; x)$.

$$ATT = E(y_{i1}|I_i = 1\,; x) - E(y_{i2}|I_i = 1\,; x) \qquad (12)$$
$$= x_{i1}(\beta_1 - \beta_2) + \lambda_{1i}(\sigma_{1\varepsilon} - \sigma_{2\varepsilon})$$

L'effet du traitement sur le non traité est donné par la différence suivante :

$$ATU = E(y_{i1}|I_i = 0\,; x) - E(y_{i2}|I_i = 0\,; x) \qquad (13)$$
$$= x_{i2}(\beta_1 - \beta_2) + \lambda_{2i}(\sigma_{1\varepsilon} - \sigma_{2\varepsilon})$$

RESULTATS ET DISCUSSIONS

- **Caractéristiques socioéconomiques et démographiques des ménages**

Le tableau 1 présente des descriptions des variables utilisées dans l'analyse des données empiriques. L'analyse montre que l'agriculture occupe la majorité (96,80%) des échantillons enquêtés et 73 % des ménages ont adopté la nouvelle technologie agricole face au climat. Plus de la moitié (60,15%) des ménages échantillonné vivaient au-dessous du seuil de pauvreté, et l'insécurité alimentaire touche 76,58% des ménages qui dépensent respectivement en moyenne 654 645, 3 F CFA et 107 728,1 F CFA dans la consommation non alimentaire et alimentaire des ménages par habitant. Ces résultats sont similaires à une proportion de 32% des ménages en insécurité alimentaire pour un quintile d'indice du bien-être économique selon, l'enquête nationale sur la sécurité alimentaire et nutritionnelle au Mali en 2020.

L'âge moyen des agriculteurs est 56,40 ans et seulement 0,31% sont célibataires (non mariés) et chaque ménage compte en moyenne 14 personnes, dont la majorité (99,19%) sont des hommes. Ceux-ci montrent que les agriculteurs échantillonnés sont des adultes (âge est inférieur ou égale 56,40 ans) et principalement dirigés par les hommes (99,19% contre 0,81% femme), le rapport de masculinité est alors supérieur au seuil de 98 hommes pour 100 femmes de l'enquête modulaire et permanente auprès des ménages (EMOP) de 2011 au Mali. Le nombre d'année de scolarité est relativement faible 6,88 ans contre 61,37 % non alphabétisés ('ni lire ni écrire). Ce taux non alphabétisé est relativement similaire à 69,24% évalué par l'UNESCO en 2020 au Mali.

La majorité (96,80%) est native du milieu depuis leur naissance (55,21 ans). Ils disposent en moyenne 38,87 ans d'expériences en agriculture et la superficie moyenne des terres possédées par chaque ménage est de 13,51 ha, seulement 8,31 ha sont exploités. La plupart des agriculteurs (91,83%) ont un téléphone et peuvent tous contacter leur ménage par téléphone (91,83%). Cet échange entre les paysans facilite la diffusion et l'adoption de la technologie agricole. Ils sont en majorité (81,45%) membres de l'organisation agricole, dont 13,81 % ont un compte bancaire. Les agriculteurs ont en général accès aux agents de vulgarisation (73,33%), seulement la minorité (23,74%) participé à des formations et 32,67% ont accès au crédit agricole contre la majorité (67,33%) qui finance leurs activités sur leurs fonds propres.

Tableau 1. *Définitions et descriptions statistiques des variables*

Variables	Descriptions des variables	Moyenne
Variables dépendantes		
Adoption de CSAT	1 si les agriculteurs adoptent la technologie de CSAT, sinon 0	73,10 (44,35)
Dépenses non-alimentaires par habitant	Dépenses de consommation non-alimentaires par habitant en (F CFA)	654 645, 3 (11 162 237)
Dépenses alimentaires par habitant	Dépenses de consommation alimentaires par ménage (F CFA)	107 728,1 (105 232,5)
Pauvreté	1 si les agriculteurs sont pauvres, sinon 0	60,15 (48,97)
Insécurité alimentaire par habitant	1 si les agriculteurs sont atteints de l'insécurité alimentaire par habitant, sinon 0	76,58 (42,36)
Variables indépendantes		
Sexe	1 si le chef d'exploitant est Homme, sinon 0	99,19 (8,98)
Âge	Age du chef de ménage en (ans)	56,40 (14,78)
Niveau d'alphabétisation	1 si le chef de ménage est non alphabétisé, sinon 0	61,37 (48,70)

Possession du téléphone	*1 si le chef de ménage à un téléphone, sinon 0*	*91,83 (27,39)*
Statut matrimonial	*1 si le chef de ménage n'est pas marié, sinon 0*	*0,31 (5,61)*
Accès aux membres du ménage par téléphone	*1 si le chef de ménage à accès aux membres du ménage par téléphone, sinon 0*	*91,83 (27,39)*
Activité principale	*1 si l'activité principale du chef de ménage est agriculture, sinon 0*	*96,80 (17,61)*
Statut de résidence	*1 si le chef de ménage est résident, sinon 0*	*97,65 (15,14)*
Compte bancaire	*1 si le chef de ménage à un compte bancaire, sinon 0*	*13,81 (34,51)*
Accès au crédit	*1 si le chef de ménage à accès aux crédits agricoles, sinon 0*	*32,67 (46,91)*
Accès aux vulgarisateurs	*1 si le chef de ménage à accès aux agents de vulgarisation, sinon 0*	*73,33 (44,23)*
Participation à la formation	*1 si le chef de ménage participe à la formation, sinon 0*	*23,74 (42,56)*
Membre de l'organisation	*1 si le chef de ménage est membre de l'organisation, sinon 0*	*81,45 (38,88)*
Taille du ménage	*Taille totale du ménage en (personne)*	*13,51 (10,56)*
Année de résidence	*Nombre d'année de résidence du chef de ménage*	*55,21 (21,28)*
Nombre d'année d'étude	*Nombre d'année d'étude*	*6,88 (6,37)*
Expérience dans l'agriculture	*Expérience dans l'agriculture en (Année)*	*37,87 (17,41)*
Superficie totale exploitée	*Superficie totale des terres exploitée par le ménage (en Ha)*	*8,31 (5,84)*
Superficie totale possédée	*Superficie totale des terres possédée par le ménage en (Ha)*	*13,51 (10,56)*

Les écart-types sont entre parenthèse

Les différences moyennes des indicateurs du bien-être et de la pauvreté

La pauvreté est l'une des principales causes de la faim à l'échelle mondiale, elle atteint 1,2 milliards de personnes qui vivent moins de 1 $ par jour, dont 75% des ménages ruraux sont victimes de la faim dans les pays en voie de développement (FAO, 2014). Les personnes vivant dans la pauvreté n'ont souvent pas les moyens d'acheter une nourriture de qualité ou en quantité suffisante pour mener une vie saine. Le statut de bien-être et de pauvreté d'un ménage est déterminé par des indicateurs énumérés dans le tableau ci-dessous. Les différences moyennes entre les adoptants et les non-adoptants des technologies agricoles sont évaluées pour découvrir, s'il existe des différences statistiquement significatives.

Les résultats présentés dans le tableau 2 montrent que les ménages qui ont adopté la technologie ne sont pas comme les non-adoptants dans la plupart des indicateurs. Les ménages qui ont adopté les technologies agricoles semblent avoir des valeurs statistiquement significatives plus importantes dans tous les indicateurs à l'exception du total monétaire du bien du ménage. Les adoptants ont des revenu agricole par ménage, revenu non agricole, dépense non alimentaire totale par ménage, dépense alimentaire totale par ménage, superficie totale exploitée, total monétaire des actifs productif du ménage plus élevés que ceux des non adoptants et des taux de pauvreté, et insécurité alimentaire relativement plus faible chez les adoptants des technologies agricoles améliorées. Ces résultats suggèrent que les adoptants des technologies agricoles ont des statuts de bien-être que les non adoptants et les facteurs qui ont facilité ce bien-être seront évalués dans l'impact proprement dit.

En effet, cette comparaison de la moyenne des indicateurs de bien-être et de pauvreté entre les deux groupes ne signifie pas l'adoption des technologies agricoles sur le bien-être et de la pauvreté des ménages. Ces différences observées présentées pourraient être dues à d'autres facteurs observés et non observés qui n'ont rien à voir avec l'adoption des technologies. Par ailleurs, ces différences observées dans tous les résultats entre les adoptants et les non-adoptants n'ont pas d'interprétation causale. Par conséquent, pour déterminer empiriquement l'impact de l'adoption des technologies agricoles sur le bien-être, nous avons appliqué le PSM et ESR dans les résultats précédents (Voir annexe).

Tableau 2. *Les différences moyennes des indicateurs de pauvreté*

Variables	Adoptants (N=1 620)	Non-adoptants (N=596)	Différence	t test
Revenu agricole par habitant (F CFA)	291 899,7 (10 814)	119 842,7 (11 559,01)	172 057,1 (19 159,14)	8,98***
Revenu non-agricole par habitant (F CFA)	139 520,2 (6 291,12)	104 450,5 (8 261,39)	35 069 (11 519,51)	3,04***
Dépense non alimentaire totale par habitant (F CFA)	10 723,66 (929,83)	7 185,51 (867,02)	3 537,15 (1 612,09)	2.19**
Dépense alimentaire totale par habitant (F CFA)	115 360,9 (2 680,50)	87 232,09 (4 036,67)	28 128,78 (5 036,23)	5,585***
Superficie totale exploitée (Ha)	14,05 (0.28)	12,00 (0.45)	2,05 (0,54)	3,83***

Total du bien monétaire du ménage (F CFA)	*1 662 774* *(38 0378,31)*	*1 568 144* *(66 766,17)*	*94 630,27* *(75 122,41)*	*1,26*
Total des actifs productifs monétaire du ménage (F CFA)	*900 132* *(18 600,48)*	*705 702,4* *(26 902,46)*	*194 429,6* *(34 738,11)*	*5,60****
Pauvreté par habitant (%)	*57,04* *(1,23)*	*68,62* *(1,90)*	*11,59* *(2,33)*	*4,97****
Insécurité alimentaire par habitant (%)	*75,06* *(1,08)*	*80,70* *(1,62)*	*5,64* *(20,03)*	*2,78***

****, **, * signifie la significativité relative à 1%, 5%, 10% ; les écart-types sont entre parenthèses*

- **Estimation des indices de pauvreté des ménages**

Le statut de pauvreté parmi les ménages échantillonnés a été évalué par l'approche de pauvreté FGT. A l'aide d'un seuil de pauvreté relatif à 2/3 de la dépense de consommation moyenne par habitant. Ce seuil de pauvreté sert à désagréger les ménages pauvres et non pauvres. Les ménages dont les dépenses de consommation par habitant sont inférieures à 145 214.4 F CFA/ mois sont classés comme pauvres. L'incidence, ou taux de pauvreté est une estimation en pourcentage du nombre de personnes vivant en dessous de la marge de pauvreté. Cette grandeur n'entraîne aucune aggravation des conditions de vie des personnes déjà pauvres. Le tableau 3 montre dans l'ensemble que 47,10% des ménages vivaient en dessous du seuil de pauvreté mentionné ci-dessus. Les adoptants se trouvent à 40,46% contre 68,73% des non adoptants. Cette incidence de pauvreté des non adoptants est plus élevée que celle des adoptants. Cela signifie que les non adoptants de la technologie sont majoritairement dominés par des pauvres et ces résultats sont supérieurs de 41,21% des populations Maliennes qui vivaient de la pauvreté, selon l'évaluation du profil et déterminants de la pauvreté, 2018-2019 par l'institut national de la statistique au Mali (EMOP, 201).

La profondeur ou l'acuité de la pauvreté désigne la distance moyenne à laquelle se trouvent les pauvres par rapport au seuil de pauvreté. Cet outil rend compte d'une aggravation des conditions de vie des personnes déjà pauvres. Dans l'ensemble 42,16% des ménages se trouvent dans la situation de pauvreté, dont 34,97% des adoptants contre 65,61% des non adoptants. La sévérité ou gravité de la pauvreté estime une moyenne pondérée du carré des distances par rapport au seuil de pauvreté. Cette pondération correspond aux différentes distances individuelles. Elle est sensible aux inégalités entre les pauvres. Au total 40,38% sont inégalement pauvres contre 33,06% et 64,25% respectivement des adoptants et ceux des non adoptants.

Tableau 3. Evaluation de la pauvreté monétaire des ménages

Variables	Total (N= 2 2016)	Adoptants (N=1 620)	Non-adoptants (N=596)
Incidence (P0)	47,10***	40,46 ***	68,73 ***
Profondeur (P1)	42,16***	34,97 ***	65,61 ***
Sévérité (P2)	40,38	33,06 ***	64,25 ***

****, **, * signifie la significativité relative à 1%, 5%, 10% ; Écart-types sont mentionnés dans les parenthèses ;*

- **Effets marginaux de l'adoption des technologies agricoles améliorées**

Un modèle logit est utilisé pour prédire le score de probabilité d'adopter la technologie améliorée par les agriculteurs. Les résultats de la spécification du score de propension sont donnés dans le tableau 3. L'analyse montre qu'au niveau des ménages, six (06) variables ont déterminé la probabilité d'adoption de technologie agricole améliorée. Il s'agit particulièrement de l'accès au crédit, accès aux vulgarisateurs, membre de l'organisation, migration, superficie totale exploitée, superficie possédé par le ménage. En outre, les coefficients du modèle logit n'ayant pas d'explication directe sur l'effet des variables explicatives sur la probabilité d'adopter la technologie améliorée. Il est apprécié à travers le calcul des effets marginaux. Par ailleurs l'accès au crédit, accès aux vulgarisateurs, membre de l'organisation et la superficie possédé par le ménage sont des déterminants positifs de l'adoption de la technologie. Une amélioration ou augmentation de ces déterminants peut favoriser le bien-être des ménages. En plus, la migration et la superficie totale exploitée influence négativement l'adoption de la technologie. En outre, peu de migration suscité des augmentations de la taille totale du ménage et la superficie totale exploitée sera invariable et insuffisante pour assurer les besoins alimentaires adéquats et ceux-ci donnant l'occasion d'adopter des technologies agricoles améliorées.

Il en ressort bien que les coefficients de l'adoption des technologies agricoles par les agriculteurs augmentent avec la plupart des variables explicatives. En outre, le calcul des effets marginaux s'intéresse à la probabilité d'adopter la technologie améliorée. En revanche sur l'ensemble des variables (18) prisent dans le modèle économétrique seulement quatre (04) variables ont un effet positif qui croît avec la technologie et deux (02) révélés négatifs. Parmi ces variables positifs l'accès au crédit facilite 8,2% de probabilité marginale d'adopter la technologie améliorée par les agriculteurs. En outre, l'accès aux crédits agricoles facilité les tâches en amont comme l'achat des intrants et les autres préparations du sol qui en découle, aussi bien pendant et en aval de la production, tels que les mains d'œuvre salariée, transport de la production au bord champ. Cependant, l'accès aux vulgarisateurs accroît prêt de 17,18% de probabilité d'adopter la technologie améliorée. Un agriculteur qui est en contact avec les services de vulgarisation participé à des expérimentations et diverses formations, ceux-ci à une probabilité marginale plus importante qui facilité l'adoption de la technologie améliorée. En effet, les membres de l'organisation ont une influence de 11,3% de probabilité d'adopter la technologie améliorée. Cela suggère qu'être membre de l'organisation facilité l'homogénéité des informations sur la technologie, la participation des formations, et l'accès aux avantages de divers projets et programmes de développement. La superficie totale possédée par les ménages à une plus grande influence sur l'adoption de la technologie améliorée. Elle accroît de 11% de probabilité. Cela signifie que plus un agriculteur à des terres qu'il appartient, plus il aura le courage de se renseigner sur la technologie pour son expérimentation puis adoption. Les variables migration et la superficie totale exploitée ont un effet négatif sur l'adoption des technologies améliorées. Quant à la migration, elle décroît de 3,9% de probabilité marginale d'adopter la technologie. En outre, plus la migration est importante plus il n'aura pas assez d'exploitants pour adopter la technologie. Le rendement obtenu par les cultures et les fonds envoyés par les migrants peut suffire pour assurer la nourriture. En revanche, la probabilité d'adopter la technologie améliorée décroît avec la superficie totale exploitée. Par ailleurs, la diminution de cette superficie d'un hectare diminue la probabilité d'adopter la technologie de 5%. Cela montre que plus la superficie exploitée est inférieure, plus les agriculteurs ont tendance à ne pas adopter la technologie agricole.

Tableau 4. Effets marginaux de l'impact de l'adoption de la technologie agricole améliorée

Variables	Coefficients	dy/dx
Statut matrimonial	-0,535 (0.845)	-0,092 (0.145)
Accès ménage par téléphone	0.191 (0.177)	0,033 (0.03)
Activité principale	0,15 (0.277)	0,026 (0.048)
Statut de résidence	-0.261 (0.399)	-0,004 (0.058)
Compte bancaire	0.141 (0.179)	-0,024 (0.031)
Accès au crédit	0,475 (0.135) ***	0,082 (0.023) ***
Niveau d'alphabétisation	-0,194 (0.122)	-0,033 (0.021)
Accès aux vulgarisateurs	1,036 (0.11) ***	0,178 (0.018) ***
Participation à la formation	0,234 (0.145)	0,04 (0.025)

Membre de l'organisation	*0,659 (0.124) ****	*0,113 (0.021) ****
Migration	*-0,228 (0.131) **	*-0,039 (0.022) **
Nombre d'homme	*0,002 (0.109)*	*0,000 (0.018)*
Âge	*0,162 (0.135)*	*-0,028 (0.023)*
Année de résidence	*0,093 (0.133)*	*0,016 (0.023)*
Nombre d'année d'étude	*0,021 (0.154)*	*-0,004 (0.027)*
Expérience dans l'agriculture	*-0,144 (0.115)*	*-0,025 (0.02)*
Superficie totale exploitée	*-0,290 (0.128) ***	*-0,050 (0.022) ***
Superficie totale possédé par le ménage	*0,638 (0.133) ****	*0,11 (0.023) ****
Constante	*-0,496 (0.488)*	
Nombre d'observation	2 216	
LR chi2 (18)	268,74	
Prob > chi2	0,000	
Log de ressemblance	-1 155,818	
Pseudo R2	0,104	

****, **, * signifie la significativité relative à 1%, 5%, 10% ; Ecart-types sont mentionnés dans les parenthèses*

- **Impact de l'adoption des technologies agricoles améliorées**

Les résultats économétriques ont fait l'objet des impacts positifs de l'adoption des technologies agricoles améliorées sur toutes les variables du bien-être et de la pauvreté, quel que soit le modèle utilisé. Les informations du maximum de vraisemblance du modèle de régression à commutation endogène sont données dans l'annexe. La première colonne de ce tableau représente l'équation de sélection entre adoptants ou non adoptants de la technologie agricole améliorée, et les deux dernières colonnes présentent respectivement l'équation du bien-être et de la pauvreté des ménages.

Les coefficients de corrélation (RH0) entre le régime de l'adoptant et l'équation de sélection dans le modèle de la dépense alimentaire et non alimentaire par ménage sont négatifs et nettement inférieurs à zéro. Cela suggère que les agriculteurs qui ont adopté la technologie agricole améliorée dépensent moins à ceux des agriculteurs aléatoirement pris dans l'échantillon. Il existe à la fois des facteurs observés et non observés qui influencent la décision d'adopter la technologie agricole améliorée. Les résultats attendus dans les conditions réelles et contraignantes (factorielles) sont présentés dans le tableau ci-dessous. Ces résultats indiquent toujours que la technologie à un impact positif sur toutes les variables du bien-être et de la pauvreté. Les valeurs moyennes de ces variables sont significativement plus avantageuses pour les adoptants que ceux qui n'ont pas adopté. Le modèle à prédit un effet positif et significatif à

1% de probabilité quant au revenu agricole et l'état de pauvreté des non adoptants. En outre, l'effet de la technologie agricole sur les non adoptants aurait pu être plus avantageux sur toutes les variables résultant du bien-être et de la pauvreté.

Nous avons estimé l'effet de la technologie agricole améliorée sur quatre (04) variables du bien-être et de la pauvreté des agriculteurs à l'aide des techniques d'appariement par scores de propension suivi du modèle IPWRA et complétées par régression de commutation endogène pour assurer la robustesse des résultats. Notamment (tableau 4), l'effet causal de l'adoption des nouvelles technologies est de 543 449.3 FCFA de revenu par ménage. De même, l'adoption de la technologie agricole à augmenter les revenus agricoles des ménages passant de -953 940 F CFA à 159 388,1 F CFA par ménage. Ces résultats concordent avec l'opinion selon laquelle l'adoption des nouvelles technologies agricoles peut améliorer le revenu agricole des ménages (EAC, 2019).

 Les estimations des effets moyens de traitements, montrent l'impact positif sur les dépenses alimentaires et non alimentaires du ménage. Cette estimation est conformé à la différence moyenne présentée dans le tableau 2, qui peut confondre à l'impact de la technologie sur les dépenses du ménage. Bien qu'elle ne tienne pas compte du biais de sélection du fait que les adoptants et les non adoptants peuvent être systématiquement différents. Les résultats montrent que l'adoption des technologies diminue respectivement les dépenses alimentaires et non alimentaires de 294 668,5 F CFA et 42 147,16 F CFA. Plus précisément, l'adoption diminue les dépenses alimentaires des ménages passant de 241 693,4 F CFA à 105 582,4 F CFA par ménage. De même les dépenses non alimentaires de 13 817,28 F CFA à 12 734,94 F CFA par ménage. Par compte Boubacar et al. (2017) et Christelle Y. K, (2020) ont prouvé que les dépenses augmentent avec l'application de la technologie. Ces résultats prouvent le contraire, par exemple plus ont produit les céréales, plus les dépenses de nourriture diminue et les revenu issu de l'exploitation assurés les autres dépenses. L'incidence de pauvreté est 3,57% des adoptants avec l'adoption des nouvelles technologies agricoles contre 22,03% des non adoptants. Ceux-ci suggèrent que l'adoption réduit systématiquement l'incidence de pauvreté des ménages adoptant la technologie agricole améliorée. Par ailleurs, ces résultats sont similaires à FGT (tableau 3), donc l'indice (P0) varie respectivement de 40,46% à 47,10% des adoptants et ceux des non adoptants.

Tableau 5. Les effets de traitement des attentes conditionnelles de l'adoption de technologie améliorée

Sous-groupe	Etape de décision		Effets	t-value
	Adoptant (N=1 128)	*Non Adoptants (N=1 088)*		
Revenu agricole par habitant (F CFA)				
Adoptant (N=1 128)	378 056,1 (3 609,504)	-165 393,3 (1 774,514)	543 449,3 (2 323,198)	233,92 ***
Non Adoptants (N=1 088)	159 388,1 (3 187,188)	-953 940 (4 794,435)	1 113 328 (3 772,498)	295,117 ***
Dépense non alimentaire par habitant (F CFA)				
Adoptant (N=1 128)	8 449,648 (97,638)	-33 697,51 (57,912)	42 147,16 (114,597)	367,787 ***
Non Adoptants (N=1 088)	12 734,94 (80,052)	13 817,28 (154,125)	-1 082,337 (181,536)	5,962 ***
Dépense alimentaire par habitant (F CFA)				
Adoptant (N=1 128)	119 720,3 (791,596)	-174 948,2 (585,049)	294 668,5 (1 044,17)	282,204 ***
Non Adoptants (N=1 088)	105 582,4 (664,399)	241 693,4 (1 284,118)	-136 111 (1 598,115)	85,170 ***
Taux de pauvreté par habitant (%)				
Adoptant (N=1 128)	57,018 (0,29)	53,448 (0,35)	3,571 (0,31)	11,683 ***
Non Adoptants (N=1 088)	68,756 (0,566)	46,723 (0,467)	22,033 (0,538)	40,978 ***

****, **, * signifie la significativité relative à 1%, 5%, 10% ; les écart-types sont entre parenthèses*

CONCLUSION

A l'issue des résultats de la présente étude, il est contestable de reconnaître l'effet de l'adoption de la technologie sur la pauvreté des ménages. Les effets de la technologie ont influé significativement sur les indices de pauvretés des ménages chez agriculteurs ayant adopté et ceux n'ayant pas adopté. Les variables d'adoption concernant l'accès au crédit, l'accès aux vulgarisateurs, membre de l'organisation, superficie totale exploitée, migration et la superficie totale possédée par le ménage sont des éléments déterminant l'adoption de la technologie agricole améliorée.

Les améliorations des taux d'adoption concernant l'accès au crédit, l'accès aux vulgarisateurs, membre de l'organisation et la superficie totale possédée par le ménage sont des éléments déterminants pour augmenter le taux d'adoption de la technologie agricole améliorée. Les effets de la technologie ont influé significativement sur les indicateurs de pauvreté et du bien-être des ménages chez les agriculteurs ayant adopté et ceux n'ayant pas adopté. Les revenus agricoles augmentent probablement avec la technologie et réduit par conséquent le taux de pauvreté des ménages. Par ailleurs, cette adoption paraît plus avantageuse chez les non adoptants s'ils décident d'adopter des technologies agricoles que les adoptants réels dans toutes les variables du bien-être et de la pauvreté des agriculteurs. Les dépenses des ménages et le taux de pauvreté décroît systématiquement avec l'adoption des technologies agricoles. Comme l'opportunité, l'institut international de l'agriculture tropicale (IITA) travaille actuellement sur le développement et la diffusion de nouvelles technologies agricoles au Mali dans quatre (04) régions à travers le projet CSAT. Nous recommandons donc que cette intervention soit étendue à travers la formation, l'organisation des agriculteurs en groupement, et faciliter l'accès aux crédits vers les ménages agricoles pauvres. De même le gouvernement et les auteurs acteurs du développement doivent renforcer leurs capacités en termes de subventions agricoles pour faciliter l'adoption de la technologie afin de réduire la faim et la pauvreté des ménages.

REMARQUE

Les opinions exprimées dans cet article n'engagent que l'auteur et ne reflètent pas les points de vue de CSAT/IITA-MALI.

REMERCIEMENTS

Cette étude a été réalisée grâce au soutien de l'International Institute of tropical Agriculture (IITA) dans le cadre du projet « Climat smart agricultural technology ». La mise en œuvre des champs écoles paysans est assurée par les ONGs locales (AMEDD, Malimark et AMASSA) dans les différentes régions d'intervention du projet.

REFERENCES

1. Banque mondiale (2016). Poverty and Shared Prosperity: Taking on Inequality. Washington, DC: World Bank.DOI:10.1596/978-1-4648-0958-3

2. Banque mondiale, 2019. «Mali face à ses enjeux économiques et mettant l'accent sur l'éducation, la santé, l'agriculture et l'énergie » Rapport de la banque mondiale au Mali. 10 P. https://www.banquemondiale.org/fr/country/mali/overview

3. Carter et Milon. 2005. Rapport sur le développement humain, p.17 Algérie ; https://hdr.undp.org/system/files/documents//rapport-sur-le-developpement-humain-2006-francais.rapport-sur-le-developpement-humain-2006-francais

4. Christelle Flore Tchoupé Makougoum. Changement climatique au Mali : impact de la secheresse sur l'agriculture et stratégies d'adaptation. Economies et finances. Université Clermont Auvergne [2017-2020], 2018. Français. ffNNT : 2018CLFAD011ff. fftel-02536502f

5. Di Falco, S., and J.-P. Chavas. 2009. On Crop Biodiversity, Risk Exposure and Food Security in the Highlands of Ethiopia. American Journal of Agricultural Economics 91(3): 599–611.

6. De Janvry, A., and Sadoulet, E. (2010). Agricultural growth and poverty reduction : additional evidence. The World Bank Research Observer, 25(1), 1–20.

7. ENSAN, 2018 « Enquête Nationale sur la Sécurité Alimentaire et Nutritionnelle »Rapport de synthèse, P.78

8. EMOP, 2011. Enquête modulaire et permanente auprès des ménages. Rapport d'analyse premier passage (avril-juin) 2011 P.75 ; https://www.instat-mali.org/laravel-filemanager/files/shares/eq/rana11pas1_eq.pdf %C3%89ducation/Alphab%C3%A9tisation/Taux-dalphab%C3%A9tisation-des-adultes

9. Elferink, M., Schierhorn, F. 2016. Global Demand for Food Is Rising. Can We Meet It?. In: Harvard Business Review. https://bit.ly/3NOF7o1

10. Evenson, RE et Gollin, D. (2003) Évaluation de l'impact de la révolution verte, 1960 à 2000. Science, 300, 758-762. http://dx.doi.org/10.1126/science.1078710

11. FAO, 2014. Food and Agriculture Organization, rapports sur l'état de l'insécurité alimentaire dans le monde (SOFI 2003 et 2004)

12. FAO, (2013) : Changement climatique et sécurité alimentaire. Leçon 3 –Document de l'apprenant. Changement climatique et stratégie d'adaptation et d'atténuation dans

l'agriculture.
http://www.fao.org/elearning/Course/FCC/fr/pdf/1131_learnernotes1131.pdf

13. FAO, IFAD, UNICEF, et al. (2019) The State of Food Security and Nutrition in the World 2019.Safeguarding Against Economic Slowdowns and Downturns. Rome : FAO.

14. Fukase, Emiko et Martin, William J., Agro-Processing and Horticultural Exports from Africa (16 décembre 2017). Document de travail IFPRI 1690, disponible sur SSRN : https://ssrn.com/abstract=3098285

15. Gollin, D. (2010) Productivité agricole et croissance économique. Manuel d'économie agricole, 4, 3825-3866. https://doi.org/10.1016/S1574-0072(09)04073-0

16. Gollin, Hansen et Wingender, 2018. THE IMPACT OF THE GREEN REVOLUTION.NATIONAL BUREAU OF ECONOMIC RESEARCH, 54 P. https://www.nber.org/system/files/working_papers/w24744/w24744.pdf

17. Kelly OCDE, CAD, Aide aux conventions de Rio http://www.oecd.org/fr/cad/stats/conventionsrio.htm

18. Kassie M, Shiferaw B, Muricho G (2011) Agricultural technology, crop income, and poverty alleviation in Uganda. World Dev 39(10):1784–1795

19. Maertens A, Barrett CB (2013) Measuring Social Networks' Effect on Agricultural Technology Adoption. Am J Agric Econ 95(2):353–359

20. Maddala, G. S. (1983), Limited-Dependent and Qualitative Variables in Economics, New York: Cambridge University Press, pp. 257-91.

21. NAPA, 2007. Programme d'Appui à l'adaptation aux changements climatiques dans les communes les plus vulnérables des régions de Mopti et Tombouctou. Rapport National d'Adaptation. Consulté le 10 Octobre 2019. 110 P. https://info.undp.org/docs/pdc/Documents/MLI/Prodoc%20Programme%20d%27adap tation%20aux%20CC_Mopti_Tombouctou.pdf>.

22. INSAT, 2019. Rapport de l'institut national de la statiqtique au Mali. d'étude d'évaluation de la qualité des statistiques agricoles et propositions d'amélioration. 102 P.https://www.instat-mali.org/laravel-filemanager/files/shares/eq/rapport-eva-stat-agric_eq.pdf

23. PNUD, 2006. Rapport sur le développement humain, p.17 Algérie ; https://hdr.undp.org/system/files/documents//rapport-sur-le-developpement-humain-2006-francais.rapport-sur-le-developpement-humain-2006-francais

24. Ravallion M., 1996 : « Comparaisons de la pauvreté : Concepts et méthodes » études sur la mesure des niveaux de vie, Document de travail N°122

25. Roche, C. (1999) 'Impact Assessment for Development Agencies: Learning to Value Change.' Development Guidelines, Oxford, Oxfam.

26. Thiam M. A., 2001. Étude de capitalisation de l'information sur la filière fruits et légumes. Rapport capitalisation horticole 2001 au Mali, 39 P.

27. Wani, S. P., Sreedevi, T. K., Rockstrom, J., & Ramakrishna, Y. S. (2009). Rainfed agriculture –Past trends and future prospects. In S. P. Wani, J. Rockstrom, and T. Oweis (Eds.), Rainfed agriculture. Unlocking the potential. Wallingford (UK): CAB International.

28. Williams T. al, 2015. L'Agriculture Intelligente face au Climat dans le Contexte Africain » Document de référence sur le plan d'action pour la transformation de l'agriculture Africaine.P.32.https://www.afdb.org/fileadmin/uploads/afdb/Documents/Events/DakA gri2015/L%E2%80%99Agriculture_Intelligente_face_au_Climat_dans_le_Contexte_ Africain.pdf>.Consulté le 10 Octobre 2019

29. Zakari S 2007. Adoption des technologies et pratiques d'agriculture intelligente face au climat dans les sites ccafs » - (niger) rapport final. 43 P.

ANNEXES

Tableau 1. *Information complète du maximum de vraisemblance par les résultats du changement de variables (Revenu agricole)*

Variables	Sélection	Adoptant (N=1 128)	Non Adoptants (N=1 088)
Statut matrimonial	-0.302 (0.775)	198 506.6 (390 003.6)	-41 102.9 (179 255.5)
Accès ménage par téléphone	0.0953 (0.165)	66 161.44 (77 243.24)	-7 797.175 (42 275.73)
Activité principale	0.701 (0.252)	121 106.1 (114 437.1)	18 356.44)
Statut de résidence	-0.055 (0.319)	-3 225.962 (129 720.7)	-7 786.36 (84 257.59)
Compte bancaire	-0.052 (0.143)	171 905.3 (58 523.61) ***	46 666.73 (42 920.04)
Accès au crédit	0.229 (0.126)*	132 853.2 (45 998.35) ***	5 986.969 (30 880.15)
Niveau d'alphabétisation	-0.106 (0.116)	-62 232.53 (43 975.5)	-45 312.38 (27 427.47)
Accès aux vulgarisateurs	0.548 (0.104) ***	275 118.2 (50 032.28) ***	-11 757.1 (39 750.25)
Participation à la formation	0.106 (0.148)	45 513.24 (46 774.63)	-18 011.4 (28 855.52)
Membre de l'organisation	0.353 (0.113) ***	207 361.8 (56 560.85) ***	-11 237.69 (27 582.11)
Migration	-0.105 (0.095)		
Nombre d'homme	-0.022 (0.102)	-14 445.74 (40 932.68)	-28 129.11 (32 807.94)
Age	-0.1 (0.122)	-65 866.65 (51 380.18)	-16 192.3 (32 037.87)
Année de résidence	0.060 (0.117)	2 572.732 (50 290.37)	10 050.78 (39 255.15)
Nombre d'année d'étude	-0.036 (0.147)	66 047.74 (53 684.53)	32 836.23 (28 921.09)
Expérience dans l'agriculture	-0.108 (0.109)	-50 848.09 (42 115.7)	54 782.2 (31 821.94) *
Superficie totale exploitée	-0.171 (0.122)	55 264.5 (47 630.91)	9 415.551 (33 496.88)
Superficie possédé par le ménage	0.371 (0.125) ***	220 840.8 (47 884.25) ***	-57 030.94 (119 919.6)
Constant	-0.327 (0.454)	-769 899.6 (195 236.1) ***	
Lns		13,563 (0.000)	12.634 (0.000) ***
R		10,708	-0.91
Sigma		776 87006 (0.000)	306 751 (57.841)
Rho		1	-0.721
Nombre d'observation	2 216		
Log likelihood	-32 662.627		
Wald chi2 (17)	16.91		
Prob>chi2	0.460		

Note : ***, **, * signifie la significativité relative à 1%, 5%, 10% et les écart-types sont entre parenthèses

Tableau 2. *Information complète du maximum de vraisemblance par les résultats du changement de variables (Dépenses non alimentaires par habitant)*

Variables	Sélection	Adoptant (N=1 128)	Non Adoptants (N=1 088)
Statut matrimonial	0.324 (0.491)	-2 441.531 (18 833.84)	-771.275 (13205.26)
Accès ménage par téléphone	0.15 (0.14)	-1 558.213 (3 739.817)	-1 443.784 (3 551.435)
Activité principale	0.078 (0.153)	-6 560.697 (5 527.697)	-3 176.105 (4 092.293)
Statut de résidence	0.060 (0.184)	-2 278.575 (6 269.174)	-1 280.152 (4 954.185)
Compte bancaire	-0.027 (0.096)	2 453.493 (2 976.755)	70.547 (2 586.804)
Accès au crédit	0.132 (0.073*)	978.843 (2 295.968)	-2 422.363 (1 956.452)
Niveau d'alphabétisation	-0.061(0.067)	2 590.663) (2 153.543)	-270.654 (1 820.598)
Accès aux vulgarisateurs	0.362 (0.088) ***	-512.988 (2 502.003)	-5 216.863 (2 044.981) *
Participation à la formation	0.020 (0.077)	-4 428.838 (2 287.573)**	-1 964.336 (2 104.785)
Membre de l'organisation	0.236 (0.071) ***	-4 315.177 (2 780.682)	-5 722.568 (1 898.689) ***
Migration	-0.047 (0.0230) **		
Nombre d'homme	0.171 (0.061)	-1 404.727 (2 001.244)	-196.868 (1 634.336)
Age	-0.023 (0.075)	1 251.793 (2 514.862)	-1 177.459 (2 013.82)
Année de résidence	0.038 (0.073)	286.019 (2 486.707)	-506.376 (1 975.281)
Nombre d'année d'étude	0.03 (0.084)	1 180.024 (2 644.995)	-1 905.914 (2 249.48)
Expérience dans l'agriculture	-0.031 (0.063)	-1 331.864 (2 056.135)	504.516 (1 692.936)
Superficie totale exploitée	-0.124 (0.071) *	37.552 (2 335.68)	727.92 (1 922.959)
Superficie possédé par le ménage	0.223 (0.073) ***	3 718.432 (2 358.603)	-4 180.866 (1 955.518)
Constant	-0.035 (0.289)	20 335.77 (9 639.831) **	-3 500.622 (7 581.035)
Lns		10.533 (0.001) ***	10.198 (0.000) ***
R		-0.072 (0.066)	-4.723 (0.446) ***
Sigma		37 530.01 (27.6754)	26 853.41 (5.028)
Rho		-0.072 (0.066)	-0.999 (0.000)
Nombre d'observation	2 178		
Log likelihood	-26 434.404		
Wald chi2 (17)	42.03		
Prob>chi2	0.001		

*Note : ***, **, * signifie la significativité relative à 1%, 5%, 10% et les écart-types sont entre parenthèses*

Tableau 3. Information complète du maximum de vraisemblance par les résultats du changement de variables (Dépense alimentaires par habitant)

Variables	Sélection	Adoptant (N=1 128)	Non Adoptants (N=1 088)
Statut matrimonial	-0.327 (0.448)	117 205.1 (57 112.32) **	58 135.12 (70 438.2)
Accès ménage par téléphone	-0.048 (0.098)	9 648.82 (11 451.16)	6 487.151 (15 471.47)
Activité principale	0.017 (0.152)	-2 540.323 (17 023.22)	-1 478.169 (23 912.96)
Statut de résidence	-0.025 (0.185)	-8 857.776 (19 443.14)	6 708.966 (29 132.26)
Compte bancaire	-0.120 (0.094)	56 330.5 (9 299.927) ***	18 992.62 (14 974.11)
Accès au crédit	0.182 (0.072*	3 709.054 (7 148.463)	-25 740.07 (11 336.76)
Niveau d'alphabétisation	-0.060 (0.066)	11 897.67 (6 702.506)	8 687.872 (10 408.35)
Accès aux vulgarisateurs	0.453 (0.062) ***	-23 576.69 (7 564.14) ***	-71 989.54 (9 814.748) ***
Participation à la formation	0.076 (0.076)	-17 940.65 (7 186.098) *	-13 034.27 (12 165.92)
Membre de l'organisation	0.280 (0.069) ***	14 088.5 (8 429.488)	-42 583.59 (10 818.81) ***
Migration	-0.022 (0.020)		
Nombre d'homme	-0.076 (0.059)	5 371.152 (6 214.05)	12 815.8 (9 366.151)
Age	-0.021 (0.073)	30 118.03 (7 792.66) ***	4 950.689 (11 558.38)
Année de résidence	-0.025 (0.073)	-13 941.27 (7 705.088) *	1 651.256 (11 438.64)
Nombre d'année d'étude	0.013 (0.083)	7 049.334 (8 249.69)	-2 143.155 (13 017.41)
Expérience dans l'agriculture	-0.070 (0.061)	6 613.644 (6 389.983)	13 883.16 (9 705.975)
Superficie totale exploitée	-0.122 (0.07)	22 658.55 (7 251.483) ***	16 885.04 (11 086.6)
Superficie possédé par le ménage	0.237 (0.072)	5 980.98 (7 314.081)	-37 949.55 (11 409.22) ***
Constant	0.125 (0.266)	116 157.1 (29 249.82) ***	-22 785.22 (41 940.64)
Lns		11.707 (0.000) ***	11.97 (0.00) ***
R		-0.748 (0.044) ***	-5.082 (0.00)
Sigma		121 393.4 (33.171)	157 280 (127.039)
Rho		-0.634 (0.026)	-0.999 (0.000)
Nombre d'observation	2 178		
Log likelihood	-29 137.49		
Wald chi2 (17)	145.49		
Prob>chi2	0.000		

Note : ***, **, * signifie la significativité relative à 1%, 5%, 10% et les écart-types sont entre parenthèses

Tableau 4. Information complète du maximum de vraisemblance par les résultats du changement de variables (Seuil de pauvreté par habitant)

Variables	Sélection	Adoptant (N=1 128)	Non Adoptants (N=1 088)
Statut matrimonial	-0.309 (0.533)	-0.296 (0.242)	-0.321 (0.254)
Accès ménage par téléphone	0.122 (0.106)	0.012 (0.048)	-0.19 (0.06) ***
Activité principale	0.098 (0.163)	-0.089 (0.071)	-0.064 (0.095)
Statut de résidence	-0.024 (0.198)	0.026 (0.081)	-0.052 (0.119)
Compte bancaire	-0.076 (0.102)	-0.188 (0.038) ***	-0.091 (0.064)
Accès au crédit	0.27 (0.076) ***	-0.039 (0.031)	-0.139 (0.051) ***
Niveau d'alphabétisation	-0.112 (0.070)	-0.028 (0.028)	0.03 (0.044)
Accès aux vulgarisateurs	0.628 (0.067) ***	0.003 (0.044) *	-0.015 (0.049)
Participation à la formation	0.121 (0.082)	0.045 (0.029)	0.044 (0.056)
Membre de l'organisation	0.402 (0.075) ***	-0.05 (0.040)	-0.047 (0.045)
Migration	-0.128 (0.077)		
Nombre d'homme	0.004 (0.064)	-0.001 (0.026)	-0.119 (0.04) ***
Age	-0.087 (0.079)	-0.12 (0.032) ***	-0.013 (0.047)
Année de résidence	0.062 (0.078)	0.102 (0.032) ***	-0.098 (0.047)
Nombre d'année d'étude	-0.021 (0.089)	-0.020 (0.033)	-0.002 (0.055)
Expérience dans l'agriculture	-0.092 (0.067)	-0.035 (0.026)	0.01 (0.041)
Superficie totale exploitée	-0.176 (0.078) **	-0.091 (0.03) ***	-0.044 (0.046)
Superficie possédé par le ménage	0.378 (0.077) ***	-0.02 (0.034)	-0.033 (0.051)
Constant	-0.31 (0.287)	0.776 (0.154)	1.073 (0.174)
Lns		-0.727 ***	-0.831 (0.033) ***
R		-0.727 (0.023)	-0.158 (0.155)
Sigma		0.167 (0.205)	0.436 (0.014)
Rho		0.484 (0.011)	-0.157 (0.152)
Nombre d'observation	2 216	0.166 (0.199)	
Log likelihood	-2 63 0 .517		
Wald chi2 (17)	60.68		
Prob>chi2	0.000		

****, **, * signifie la significativité relative à 1%, 5%, 10% et les écart-types sont entre parenthèses*

Tableau 5. Appariement par le noyau (Kernel)

Variables	ATT	Adoptants (N=1 620)	Non-adoptants (N=596)	T-statistique
Revenu agricole par habitant (F CFA)	129 766,656 (18 200,50)	291 899,734	162 133,078	7,13
Dépense non alimentaire par habitant (F CFA)	3 758,027 (1 437,270)	10 723,662	6 965,635	2,61*
Dépense alimentaire par habitant (F CFA)	21 525,918 (5 764,059)	115 360,868	93 834,95	3,73*
Taux de pauvreté par habitant (%)	-8,58 (2,71)	57,04	65,61	3,17*

***, **, * signifie la significativité relative à 1%, 5%, 10% et les écart-types sont entre parenthèses.

ETT : Effet moyen de traitement sur le traité

Tableau 6. Appariement par les voisins les plus proches (Neighbour)

Variables	ATT	Adoptants (N=1 620)	Non-adoptants (N=596)	T-statistique
Revenu agricole par habitant (FCFA)	92 206,871 (26 736,065)	291 899,734	199 692,863	3,45 *
Dépense non alimentaire par habitant (F CFA)	1 522,621 (1 935,495)	10 723,662	9 201,04	0,79
Dépense alimentaire par habitant (F CFA)	18 460,228 (7 958,207)	115 360,868	96 900,64	2,32**
Taux de pauvreté par habitant (%)	-8,64 (3,73)	57,04	65,68	2,32**

***, **, * signifie la significativité relative à 1%, 5%, 10% et les écart-types sont entre parenthèses

Tableau 7. Effets moyens de traitement sur les traités

Variables	EMTT	P0mean	%
Revenu agricole par habitant (FCFA)	117 841,2 (17 692,64) ***	160 231,8 (14 803,46) ***	74
Dépense non alimentaire par habitant (F CFA)	3 459,874 (1 118,386) ***	6 993,284 (703,753) ***	49
Dépense alimentaire par habitant (F CFA)	19 677,24 (5 320,331) ***	94 182,94 (4 647) ***	21
Taux de pauvreté par habitant (%)	-7,91 (2,53) ***	65,94 (2,22) ***	-12

***, **, * signifie la significativité relative à 1%, 5%, 10%, et les écart-types sont entre parenthèses ; P0mean : estimate potential-outcome means ; et EMTT : Effet moyen de Traitement sur le Traité

SUR GRIN VOS CONNAISSANCES SE FONT PAYER

- Nous publions vos devoirs
  et votre thèse de bachelor et master

- Votre propre eBook et livre –
  dans tous les magasins principaux du monde

- Gagnez sur chaque vente

Téléchargez maintentant sur www.GRIN.com
et publiez gratuitement